T0208862

essentials

essentials liefern aktuelles Wissen in konzentrierter Form. Die Essenz dessen, worauf es als „State-of-the-Art" in der gegenwärtigen Fachdiskussion oder in der Praxis ankommt. *essentials* informieren schnell, unkompliziert und verständlich

- als Einführung in ein aktuelles Thema aus Ihrem Fachgebiet
- als Einstieg in ein für Sie noch unbekanntes Themenfeld
- als Einblick, um zum Thema mitreden zu können

Die Bücher in elektronischer und gedruckter Form bringen das Fachwissen von Springerautor*innen kompakt zur Darstellung. Sie sind besonders für die Nutzung als eBook auf Tablet-PCs, eBook-Readern und Smartphones geeignet. *essentials* sind Wissensbausteine aus den Wirtschafts-, Sozial- und Geisteswissenschaften, aus Technik und Naturwissenschaften sowie aus Medizin, Psychologie und Gesundheitsberufen. Von renommierten Autor*innen aller Springer-Verlagsmarken.

Weitere Bände in der Reihe https://link.springer.com/bookseries/13088

Helmut Günther

Das Zwillingsparadoxon unter Berücksichtigung der Gravitation

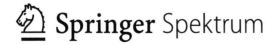 Springer Spektrum

Helmut Günther
Berlin, Deutschland

ISSN 2197-6708   ISSN 2197-6716   (electronic)
essentials
ISBN 978-3-662-65080-6   ISBN 978-3-662-65081-3   (eBook)
https://doi.org/10.1007/978-3-662-65081-3

Die Deutsche Nationalbibliothek verzeichnet diese Publikation in der Deutschen Nationalbiblio-
grafie; detaillierte bibliografische Daten sind im Internet über http://dnb.d-nb.de abrufbar.

Planung/Lektorat: Margit Maly
Springer Spektrum ist ein Imprint der eingetragenen Gesellschaft Springer-Verlag GmbH, DE
und ist ein Teil von Springer Nature.
Die Anschrift der Gesellschaft ist: Heidelberger Platz 3, 14197 Berlin, Germany

Was Sie in diesem *essential* finden können

- Wir beschreiben Ereignisse in Raum und Zeit
- Wir fragen nach dem Gang einer zunächst gleichförmig bewegten Uhr
- Wir formulieren auf dieser Grundlage das Paradoxon der Zwillingsgeschichte
- Wir geben eine Aufklärung des Paradoxons durch eine einfache Ungleichung
- Wir geben eine einfache Herleitung für die Spezielle Relativitätstheorie (SRT)
- Wir formulieren das Zwillingsparadoxon im Formalismus der SRT
- Wir berechnen den Uhrenvergleich der Zwillinge im Formalismus der SRT und klären damit auch das Paradoxon auf
- Wir betrachten Einsteins Äquivalenzprinzip
- Wir untersuchen auf dieser Basis den Uhrengang für beschleunigte Bewegungen und im Gravitationsfeld
- Wir verstehen die Zwillingsgeschichte für beschleunigte Bewegungen und im Gravitationsfeld

Vorwort

Die traditionelle Behandlung des Zwillingsparadoxons geht von Inertialsystemen aus, in welchen die Spezielle Relativitätstheorie (SRT) gültig ist. Zwillinge entfernen sich zunächst mit einer gleichförmigen Geschwindigkeit voneinander. Wegen der relativistischen Zeitdilatation einer bewegten Uhr beobachten beide, dass der jeweils andere dabei der jünger bleibt. Nach der Umkehr des einen bleibt diese Aussage erhalten, da der Effekt nicht von der Richtung der Geschwindigkeit abhängt. Für das Zusammentreffen sagen also beide voraus, dass der andere jünger geblieben ist. Das ist das Paradoxon. Seine Lösung besteht darin, dass nur einer das Inertialsystem wechselt. Die Uhr des umkehrenden Zwillings ist hinter der des anderen zurückgeblieben. Wir untersuchen das Paradoxon aus unterschiedlichen Blickrichtungen, natürlich mit immer demselben Ergebnis.

Diese Geschichte ist ein reines Gedankenexperiment, da sie von den in der Realität stets vorhandenen Gravitationsfeldern abstrahiert. Wir untersuchen daher hier auch den Einfluss der schweren Massen auf den Gang von Uhren, den Einstein schon vor der Fertigstellung seiner Allgemeinen Relativitätstheorie erkannt hatte. Beide Effekte, der von der Geschwindigkeit und der von der Gravitation herrührend, überlagern sich. Während aber jeder vom anderen betragsmäßig dieselbe Geschwindigkeit feststellt, bewegen sich die Zwillinge bei ihrer Entfernung voneinander in unterschiedlichen Gravitationsfeldern. Das ergibt eine neue Situation. Wenn sie wieder zusammentreffen, kann das dazu führen, dass der zurückkehrende Zwilling sogar der ältere ist. Zur besseren Orientierung des Lesers haben wir an einigen Stellen dieselben Abbildungen verwendet wie in unserer vorangegangenen, rein speziel relativistischen Bearbeitung „Das Zwillingsparadoxon", essentials Springer Nature 2020.

Um dem Leser das Nachschlagen zu erleichtern, haben wir ein Stichwortver-
zeichnis bereitgestellt.

Dem Springerteam danke ich sehr für die gute Zusammenarbeit und nament-
lich Frau Margit Maly vom Verlagshaus Springer Wiesbaden für hilfreiche Hin-
weise zum Manuskript.

Für die Überlassung ihrer Bilder sowie geduldige technische Hilfen und
Korrekturanmerkungen bei der Fertigstellung des Manuskriptes möchte ich
meiner Frau Christina Günther ganz herzlich danken.

Dierck-Ekkehard Liebscher und Volker Müller danke ich für die Überlassung
ihrer graphischen Darstellungen zum Uhrengang.

Berlin   Helmut Günther
im Februar 2022

Inhaltsverzeichnis

Die traditionelle Darstellung des Zwillingsparadoxons

1

1.1 Raum – Zeit – Bewegung

Bewegung eines Körpers ist immer Bewegung in bezug auf andere Körper. Wir brauchen zu ihrer Beschreibung ein Bezugssystem und suchen solche, in denen einfache Bewegungen besonders einfach beschrieben werden, so dass ein Körper, auf den keine Kräfte wirken, sich geradlinig und gleichförmig bewegt. Das sind die sog. Inertialsysteme, auf die zuerst L. Lange (1885) aufmerksam gemacht hat. Wir überspringen hier deren ausführliche Einführung, s. z. B. Günther und Müller (2019) und Günther (2020), und erinnern dazu an ein Gedankenexperiment von Einstein. Fernab von aller Gravitation, wie das in der Speziellen Relativitätstheorie unterstellt wird, nehmen wir drei Massenpunkte und werfen diese in drei zueinander senkrechte Richtungen. Das liefert uns die drei kartesischen Koordinatenachsen eines Inertialsystems, Abb. 1.1. Und jedes Bezugssystem, das sich gegenüber jenem gleichförmig bewegt, ist dann wieder ein Inertialsystem. Physikalisch betrachtet, sind das solche Bezugssysteme, in denen ein Körper, der keinen äußeren Kräften ausgesetzt ist, in Ruhe oder gleichförmiger Bewegung bleibt. Ein Beobachter auf einem Drehschemel, s. Abb. 1.2, befindet sich also nicht in einem Inertialsystem.

Wir brauchen Maßstäbe und Uhren, um einen Körper auffinden zu können.

Dabei wird das auch heute noch in Paris aufbewahrte Urmeter (Métre des archives), welches ungefähr den 40millionsten Teil eines Erdmeridians misst, nun durch die folgende Festlegung ersetzt[1]:

---

[1] Diese Festlegungen beruhen letzten Endes auf der stabilsten Säule der Physik, der Quantentheorie, die heute von keinem mehr in Frage gestellt wird, der nicht als unseriös in die Ecke gestellt werden will.

H. Günther, *Das Zwillingsparadoxon unter Berücksichtigung der Gravitation*, essentials, https://doi.org/10.1007/978-3-662-65081-3_1

Abb. 1.1 Die kartesischen Koordinaten eines Punktes P in einem Inertialsystem sind die senkrechten Projektionen auf die Achsen

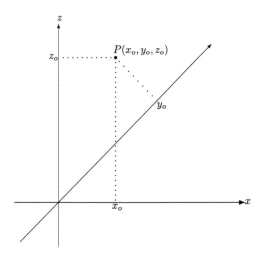

Abb. 1.2 Beobachter am Schreibtisch und Beobachter auf dem Drehschemel, der sich nun nicht mehr in einem Inertialsystem befindet. (Nach einer Skizze von Christina Günther)

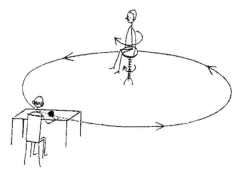

Das Meter L_O wird definiert als das 1 650 763,73 fache der Wellenlänge einer bestimmten orangeroten Spektrallinie des Kryptonisotops 86Kr. $\quad(1.1)$

Jeder periodische Vorgang kann als Uhr dienen. Die Zeit t zählt die Anzahl der Schwingungen und kann durch die Stellung eines Zeigers angezeigt werden. Die Dauer einer Schwingung bezeichnen wir mit T. Ihr reziproker Wert heißt Frequenz ν. Um uns auf etwas experimentell Nachprüfbares berufen zu können, notieren wir

> Das Zeitintervall T_0 von einer Sekunde ist die Dauer von 9 192 631 770
> Schwingungen einer bestimmten Spektrallinie des Cäsiumisotops 133Cs.   (1.2)

1.2   Die Definition der Gleichzeitigkeit

Die Eigenschaften von bewegten Maßstäben und Uhren bilden gemäß
Einstein (1969), Portrait Abb. 1.3, „den von Konventionen freien physikalischen
Inhalt" der relativistischen Raum-Zeit, s. u. die Gl. (2.3) und (2.4).
Die Zeit ist das Mysterium unseres Lebens und hat seit je her die großen Denker
auf den Plan gerufen.

Für eine explizite Formulierung der Theorie müssen wir in der Raum-Zeit mit-
hilfe einer *Definition* darüber vefügen, wann zwei Ereignisse gleichzeitig sind. Das
wollen wir jetzt erklären.

Bereits 1898 kommt H. Poincaré (1921, 1910) zu der folgenden bemerkenswer-
ten Analyse: „Es ist schwierig, das qualitative Problem der Gleichzeitigkeit von
dem quantitativen Problem der Zeitmessung zu trennen: sei es, dass man sich eines
Chronometers bedient, sei es, dass man einer Übertragungsgeschwindigkeit, wie
der des Lichtes, Rechnung zu tragen hat, da man eine solche Geschwindigkeit nicht
messen kann, ohne eine Zeit zu *messen*. … Wir haben keine unmittelbare Anschauung für Gleichzeitigkeit, ebensowenig für die Gleichheit zweier Zeitintervalle."
Poincaré zieht den Schluss: „Die Gleichzeitigkeit zweier Ereignisse oder ihre Rei-
henfolge und die Gleichheit zweier Zeiträume müssen derart definiert werden, dass
der Wortlaut der Naturgesetze so einfach wie möglich wird. Mit anderen Worten,
alle diese Regeln, alle diese Definitionen sind nur die Früchte eines unbewussten
Opportunismus."

Wir bemerken noch. Die bekannte These von I. Kant über Raum und Zeit als reine
Formen unserer Anschauung wird häufig nicht hinreichend sorgfältig interpretiert.
Kant spricht dabei von unserer Wahrnehmung. Rückschlüsse auf die mathematische
Struktur der physikalischen Raum-Zeit können daraus nicht abgeleitet werden, vgl.
Günther (2013) und Günther und Müller (2019).

Indem wir ein Ding als die Gesamtheit seiner Eigenschaften begreifen, sind es
also die Eigenschaften von Uhren, der Messinstrumente für die Zeit, die uns hier in
Bann ziehen werden. Die historische Begründung der Speziellen Relativitätstheorie durch das berühmte Prinzip von der universellen Konstanz der Lichtgeschwindigkeit durch Einstein (1905) impliziert auch eine Definition der Gleichzeitigkeit,
nämlich, indem wir Einsteins Postulat so lesen: Es ist möglich alle Uhren in allen

Abb. 1.3 ALBERT EINSTEIN, * Ulm 14.03.1879, † Princeton 18.04.1955. (Nach einer Arbeit von Christina Günther)

Inertialsystemen so zu synchronisieren, dass danach die mit diesen Uhren gemessene Lichtgeschwindigkeit in allen Inertialsystemen ein und denselben numerischen Wert hat,

$$c = 299792458 \, \text{ms}^{-1} \qquad \text{Vakuum-Lichtgeschwindigkeit} \qquad (1.3)$$

Diese Geschwindigkeit ist unabhängig vom Bewegungszustand der emittierenden Quelle und gilt auch für die quellfreien elektromagnetischen Wellen, s. z. b. in Günther (2013) und Günther und Müller (2019).

Alternativ zur Einsteinschen Prozedur haben wir in Günther (1996) ohne Bezug auf die Lichtgeschwindigkeit mit einer sog. elementaren Relativität eine dazu äquivalente Gleichzeitigkeit definiert gemäß:

In zwei zueinander mit einer Geschwindigkeit vom Betrag $|v|$ bewegten Bezugssystemen werden die Uhren so in Gang gesetzt, dass die Beobachter in ihren Systemen vom jeweils anderen die Geschwindigkeiten $+v$ bzw. $-v$ feststellen.

Erst durch die Einstellung der Uhren sind wir in der Lage, Ereignisse an verschiedenen Positionen in verschiedenen Inertialsystemen miteinander zu vergleichen.

1.3 Die bewegte Uhr geht nach

Rückblickend auf seine Spezielle Relativitätstheorie von 1905 analysierte Einstein (1922), s. auch Einstein (1969), in seinen „Vier Vorlesungen über Relativitätstheorie" die Hypothesen, die der klassischen Physik zugrunde liegen und formulierte dabei einen der erstaunlichsten Sätze der Physikgeschichte, nämlich, dass die klassische Physik nur dann richtig wäre, „...wenn man wüsste, dass der Bewegungszustand einer Uhr ohne Einfluss auf ihren Gang sei."

Tatsächlich musste Einstein auf die experimentelle Bestätigung dieser merkwürdigen Eigenschaft von Uhren vierunddreißig Jahre warten. Heute kann man das Gesetz, nach dem tatsächlich der Zeiger einer bewegten Uhr gegenüber den ruhenden Uhren, an denen sie vorbeigleitet, zurückbleibt, in Präzisionsexperimenten mit atemberaubender Genauigkeit nachweisen, s. z. B. Champeney et al. (1965), oder auch in Günther (2013).

Jeder periodische Vorgang kann als Uhr verwendet werden. Bei einer Verminderung der Frequenz v verlangsamt sich der Gang der Uhr, d. h., die Schwingungsdauer T ist reziprok zur Frequenz,

$$v = \frac{1}{T}. \qquad (1.4)$$

Auf R. Feynman (1964) geht ein Gedankenexperiment zurück, das uns die Gangverzögerung einer bewegten Uhr liefert, Abb. 1.4.
Im weiteren verwenden wir im Kap. 1 folgende Bezeichnungen:

- Wir beobachten die Ereignisse von einem System Σ aus.
- Wir betrachten ein System Σ', das in bezug auf Σ die Geschwindigkeit v besitzt.
- In Abschn. 1.4 führen wir ein System Σ_o ein, in welchem die Zwillinge mit
  entgegengesetzter Geschwindigkeit starten.

Gemäß Feynman definieren wir eine sog. Lichtuhr, Abb. 1.4. Zwischen zwei Spie-
geln mit dem Abstand D läuft ein Lichtsignal hin und her und definiert damit die
Schwingungsdauer T_o der Lichtuhr gemäß, s. Abb. 1.4a,

$$T_o = \frac{2D}{c}.$$
Schwingungsdauer T_o der in
Σ ruhenden Lichtuhr   (1.5)

In Abb. 1.4b wurde der Anordnung die Geschwindigkeit v erteilt. Das Lichtsignal
muss nun eine längere Strecke, die Diagonale, durchlaufen, so dass die Schwingungsdauer der bewegten Lichtuhr T_v größer wird. In Abb. 1.4b betrachten das
rechtwinklige Dreieck aus D, $\frac{vt}{2}$ und $\frac{ct}{2}$. Mit der Laufzeit $t = T_v$ des Signals vom
Emitter zum Reflektor und zurück zum Empfänger gilt dann

$$\left(\frac{cT_v}{2}\right)^2 = \left(\frac{vT_v}{2}\right)^2 + \left(\frac{cT_o}{2}\right)^2,$$

also:
Die bewegte Uhr geht nach:

$$T_v = \frac{T_o}{\sqrt{1 - v^2/c^2}}.$$
Schwingungsdauer T_v der in
Σ bewegten Lichtuhr   (1.6)

Die Zeit t wird durch die Zeigerstellung angezeigt. Der Quotient zweier gemessener
Zeitintervalle $\Delta t'$ und Δt ist reziprok zu dem entsprechenden Quotienten aus den
Schwingungsdauern T_v und T_o,

$$\frac{\Delta t'}{\Delta t} = \frac{T_o}{T_v}, \tag{1.7}$$

und, wenn wir von einer Anfangsstellung $t = t' = 0$ ausgehen, also $\Delta t = t$, $\Delta t' = t'$,

$$t' = t\sqrt{1 - v^2/c^2}. \qquad\qquad \text{Zeitdilatation} \tag{1.8}$$

Eine Herleitung für diese Formel der Zeitdilatation aus dem Formalismus der Speziellen Relativitätheorie geben wir in Kap. 2, Gl. (2.3).

Wir verwenden in der Folge noch die übliche Bezeichnung γ und bezeichnen den reziproken Wert mit k,

$$\gamma = \frac{1}{k} = \frac{1}{\sqrt{1 - v^2/c^2}}. \tag{1.9}$$

An Anfeindungen gegen Einsteins Theorie hat es nicht gefehlt. Mit immer neuen Gedankenkonstruktionen sollte die Theorie zu Fall gebracht werden. Das berühmteste Beispiel ist das sog. Zwillingsparadoxon.

1.4 Das Paradoxon und seine Auflösung (I)

Eine tatsächliche Änderung des Ganges einer bewegten Uhr scheint die ganze Physik auf den Kopf zu stellen. Und es hat nicht an Versuchen gefehlt, hieraus Widersprüche zu konstruieren, die die ganze SRT ad absurdum führen sollten. Das berühmteste Beispiel ist das sog. Zwillingsparadoxon.

Ein Zwillingspaar, sagen wir Zwilling A und Bruder B, die beide ihre persönlichen Uhren U_A und U_B mit sich führen, beschließt, dieses Nachgehen der Uhren zu widerlegen. Dazu entfernen sie sich zunächst voneinander mit einer Geschwindigkeit vom Betrag $|v|$.

Nun sollte also die Uhr des jeweils anderen, da der sich ja mit der Geschwindigkeit vom Betrag $|v|$ bewegt, gegenüber der eigenen Uhr nachgehen, also wegen Gl. (1.8)

$$t_B = t_A\sqrt{1 - v^2/c^2} \quad \text{für } U_B \text{ weit entfernt von } U_A, \tag{1.10}$$

aber auch

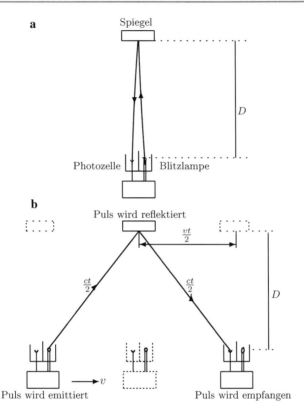

Abb. 1.4 Die Lichtuhr gemäß dem Gedankenexperiment von R. Feynman (1964). **a** die ruhende Lichtuhr, **b** die mit der Geschwindigkeit v bewegte Lichtuhr

$$t_A = t_B\sqrt{1 - v^2/c^2} \quad \text{für } U_A \text{ weit entfernt von } U_B. \tag{1.11}$$

Als wenn das nicht schon widersprüchlich genug wäre, erhalten wir eine vollends absurde Aussage, wenn Bruder B umkehrt und sich mit einer Geschwindigkeit $|u| > |v|$ seinem Zwilling A wieder nähert, so dass er ihn am Ende einholt. Da die Zeitdilatation aber nur vom Quadrat der Geschwindigkeit, also nicht von ihrer Richtung abhängt, bleibt der Effekt unverändert bestehen, und jeder müsste feststellen, dass der Zeiger auf der Uhr des anderen gegenüber seinem Uhrzeiger zurückgeblieben ist.

Ein Zeiger auf zwei verschiedenen Stellungen – das wäre paradox.

Die Auflösung dieses Widerspruches ist denkbar einfach. Anders als in unserem essential „Das Zwillingsparadoxon", Springer (2020), begeben wir uns an dieser Stelle in ein Inertialsystem $\Sigma_o(x, t)$, in welchem die Zwillinge in entgegengesetzten Richtungen starten und zwar mit einer Geschwindigkeit in Σ_o vom Betrag $|v|$. Siehe die Zwillinge vor der Reise in Abb. 1.5.

Bis zur Umkehr von Bruder B sei in Σ_o die Zeit t_u abgelaufen. In Σ_o beobachten wir daher für beide Zwillinge ein Zurückbleiben der Zeiger auf ihren Uhren gegenüber der Zeitangabe t_u in Σ_o dieselbe Zeitdilatation, also ein Vorrücken des Zeigers um

$$\Delta t_B = t_u \sqrt{1 - v^2/c^2} \quad \text{Vorrücken des Zeigers von } U_B \text{ bis zur Zeit } t_u \text{ in } \Sigma_o \quad (1.12)$$

Abb. 1.5 Die Zwillinge vor dem Beginn ihrer Reise. (Nach einer Arbeit von Christina Günther)

und ebenso

$$\Delta t_A = t_u \sqrt{1 - v^2/c^2}. \text{ Vorrücken des Zeigers von } U_A \text{ bis zur Zeit } t_u \text{ in } \Sigma_o \quad (1.13)$$

Ein Beobachter in Σ_o sieht also dieselben Zeigerstellungen auf U_A und U_B.

Jetzt kehrt Bruder B um und eilt seinem Zwilling A mit einer Geschwindigkeit u hinterher, wobei $0 < v < u$, so dass er ihn einholen kann. Daher erfährt seine Uhr in bezug auf Σ_o nun eine Gangverzögerung mit dem Faktor $\sqrt{1 - u^2/c^2}$, während auf U_A unverändert die Gangverzögerung mit dem Faktor $\sqrt{1 - v^2/c^2}$ wirksam ist.

Stellen wir o. B. d. A. beide Uhren zum Umkehrzeitpunkt auf $t_A = t_B = 0$ und messen für die Zeit des Zusammentreffens in Σ_o eine Zeit t_Z, dann steht der Zeiger von U_A dabei auf

$$t_{Z_A} = t_Z \sqrt{1 - v^2/c^2}, \quad (1.14)$$

während wir auf der Uhr B von Bruder B die Zeigerstellung

$$t_{Z_B} = t_Z \sqrt{1 - u^2/c^2}, \quad (1.15)$$

ablesen, also, s. die Zwillinge nach ihrer Reise in Abb. 1.6 und 1.7,

$$t_{Z_B} < t_{Z_A}. \qquad \text{Der umkehrende Bruder } B \text{ ist jünger geblieben} \quad (1.16)$$

Der Beobachter in Σ_o sieht also:

Während des ganzen Einholvorganges bis zum Zusammentreffen bleibt der Zeiger auf der Uhr von B weiter zurück als der auf der Uhr von A.

Bruder B ist nun der jüngere.

Das Paradoxon ist aufgeklärt.

Jünger bleibt, wer das Bezugssystem wechselt.

Die Zwillinge nach ihrer Reise:
Beide Abbildungen nach Arbeiten von Christina Günther.

Abb. 1.6 Bruder B

Abb. 1.7 Zwilling A

1.5   Die Zwillingsungleichung

Im folgenden führen wir die Auflösung des Paradoxons auf eine algebraische Ungleichung zurück.

Zwilling A ruht die ganze Zeit im System Σ', das sich mit der Geschwindigkeit v in bezug auf Σ bewegt. In Σ werde werde für die Dauer der ganzen Zwillingsgeschichte die Zeit t_Z gemessen, also die Zeit, nach der die Zwillinge, von Σ aus beobachtet, wieder zusammentreffen. Weil A in bezug auf Σ ununterbrochen die Geschwindigkeit v besitzt, beträgt die Zeigerstellung t_A der Uhr von Zwilling A beim Zusammentreffen,

$$t_A = t_Z/\gamma_v = t_Z \cdot k_v \qquad (1.17)$$

(mit einer Indizierung gemäß den Geschwindigkeiten unter der Wurzel.)

Bruder B möge bis zu einer Zeit t_u in Σ ruhen, so dass der Zeiger seiner Uhr um diese Zeit t_u vorrückt. Dann steigt Bruder B zur Zeit t_u in ein System Σ^* um, welches eine Geschwindigkeit u in bezug auf Σ besitzt. Diese Geschwindigkeit u sei so gewählt, dass er genau zur Zeit t_Z seinen Zwillingsbruder A eingeholt hat. Wegen der Zeitdilatation rückt dann der Zeiger seiner Uhr bis zum Zusammentreffen noch einmal um $(t_Z - t_u)\,k_u$ vor und steht also am Ende auf

$$t_B = t_u + (t_Z - t_u)\,k_u. \qquad (1.18)$$

Wir zeigen nun

$$t_B < t_A \qquad (1.19)$$

für einen beliebigen Umsteigezeitpunkt t_u, der nur so gewählt sein muss, dass Bruder B mit einer Geschwindigkeit $u < c$ zur Zeit t_Z bei A ankommt. Vorausgesetzt ist also nur

$$0 < v < u < c. \qquad (1.20)$$

Derselbe Weg $v\,t_Z$, den Zwilling A in Σ zurücklegt, muss von Bruder B in der Zeit $t_Z - t_u$ geschafft werden, also $u\,(t_Z - t_u) = v\,t_Z$, und damit

$$t_Z = \frac{u}{u - v}\,t_u. \qquad (1.21)$$

Die behauptete Ungleichung (1.16) lautet wegen (1.17) und (1.18)

$$t_B = \left[1 + \frac{v}{u-v} k_u\right] t_u < \left[\frac{u}{u-v} k_v\right] t_u = t_A. \tag{1.22}$$

Richtig ist die algebraische Ungleichung

$$\sqrt{u\,v} < \frac{u+v}{2}, \tag{1.23}$$

Es folgt:

$$
\begin{aligned}
2uv &< u^2 + v^2, \\
2c^2 uv &< c^2(u^2 + v^2), \\
-u^2 c^2 - v^2 c^2 &< -2c^2 uv, \\
c^4 - u^2 c^2 - v^2 c^2 + u^2 v^2 &< c^4 - 2c^2 uv + u^2 v^2, \\
(c^2 - v^2)(c^2 - u^2) &< (c^2 - uv)^2, \\
c^2 \sqrt{1 - \frac{v^2}{c^2}} \sqrt{1 - \frac{u^2}{c^2}} &< c^2 - uv, \\
2uv \sqrt{1 - \frac{v^2}{c^2}} \sqrt{1 - \frac{u^2}{c^2}} &< 2uv - \frac{2u^2 v^2}{c^2}, \\
2uv k_v k_u &< 2uv - \frac{2u^2 v^2}{c^2}, \\
-2uv &< -\frac{2u^2 v^2}{c^2} - 2uv k_v k_u, \\
u^2 - 2uv + v^2 &< u^2 - \frac{u^2 v^2}{c^2} + v^2 - \frac{u^2 v^2}{c^2} - 2uv k_v k_u, \\
(u-v)^2 &< (uk_v - vk_u)^2, \\
u - v &< uk_v - vk_u, \\
\frac{u - v + v\,k_u}{u-v} &< \frac{u}{u-v} k_v,
\end{aligned}
$$

und also

$$\boxed{1 + \frac{v}{u-v} k_u < \frac{u}{u-v} k_v,} \qquad \text{Zwillingsungleichung} \tag{1.24}$$

d. h., die behauptete Ungleichung (1.19) bzw. (1.22).

Minkowskis Linienelement – Die Lorentz-Transformation

2

Wir betrachten jetzt einen übergeordneten theoretischen Zugang zur Problematik der Zeitdilatation.

Bisher haben wir allein von Feynmans Gesetz über das Nachgehen einer bewegten Uhr (1.6) bzw. (1.8) Gebrauch gemacht. Alle möglichen Konstellationen zum Zwillingsparadoxon lassen sich natürlich auch mathematisch auf der Grundlage der Speziellen Reklativitätstheorie auflösen. Diesen Zugang benötigen wir, um später die Verallgemeinerung durch Einbeziehung der Gravitation berechnen zu können. Die eleganteste Darstellung dazu geht auf H.Minkowski, s. Lorentz (1958), zurück.

H. Minkowski, Portrait s. Abb. 2.1, hat herausgefunden, dass Einsteins Spezielle Relativitätstheorie von 1905 mathematisch einfach durch das Postulat begründet werden kann, dass das sog. Linienelement $ds^2 = c^2 dt^2 - dx^2 - dy^2 - dz^2$ in allen Inertialsystemen Σ, Σ' denselben Wert hat,

$$ds^2 \equiv c^2 dt^2 - dx^2 - dy^2 - dz^2 = ds'^2 \equiv c^2 dt'^2 - dx'^2 - dy'^2 - dz'^2. \ (2.1)$$

Dadurch werden die Lorentz-Transformationen begründet, Portrait von Lorentz s. Abb. 2.2. Wir unterdrücken hier der Einfachheit halber die y- und z- Koordinaten. Sind (x, t) die Raum-Zeit-Koordinaten eines Ereignisses $E(x, t)$ in einem Inertialsystem Σ und (x', t') die Koordinaten desselben Ereignisses $E(x', t')$ in einem dazu gleichförmig mit der Geschwindigkeit v bewegten System Σ', dann gilt

$$a) \ x' = \frac{x - v\,t}{\sqrt{1 - v^2/c^2}},$$

$$b) \ t' = \frac{t - v\,x/c^2}{\sqrt{1 - v^2/c^2}}.$$

Lorentz-Transformation　(2.2)

In den Gl. (2.1) und (2.2) ist die gesamte Kinematik der SRT enthalten.

H. Günther, *Das Zwillingsparadoxon unter Berücksichtigung der Gravitation*, essentials, https://doi.org/10.1007/978-3-662-65081-3_2

Abb. 2.1 HERMANN MINKOWSKI, *Aleksota (heute zu Kaunas) 22.06.1864, † Göttingen 12.01.1909. (Nach einer Arbeit von Christina Günther)

Setzen wir in (2.1) $x = ct$, so dass $ds^2 = 0$ ist, dann muss auch $x' = ct'$ sein. Es folgt also Einsteins universelle Konstanz der Lichtgeschwindigkeit mit der dadurch implizierten Gleichzeitigkeit, s. Abschn. 1.2 sowie Abb. 2.3.

Ruht ein Körper in Σ', also $x' = 0$, so dass dafür in Σ die Bewegung $x = vt$ beobachtet wird und wir setzen das in Gl. (2.2) ein, dann folgt sofort die relativistische Zeitdilatation:

$$c^2 dt^2 - v^2 dt^2 = c^2 dt'^2,$$

also

$$dt' = dt \sqrt{1 - \frac{v^2}{c^2}}$$

und, da v nicht von der Zeit abhängen soll, indem wir das aufintegrieren und von einer Anfangsstellung $t = t' = 0$ der Zeiger ausgehen,

$$t' = t \sqrt{1 - \frac{v^2}{c^2}}. \qquad \text{Zeitdilatation einer bewegten Uhr} \quad (2.3)$$

Wir notieren noch die Konsequenz aus (2.2) für die Länge eines bewegten Stabes. Der möge im System Σ', das sich mit v in bezug auf Σ bewegt, auf der x'-Achse ruhen mit dem linken Endpunkt bei $x' = 0$ und dem rechten bei $x' = l_o$, seiner Ruhlänge. Zur Zeit $t = 0$ in Σ sei der linke Endpunkt auch bei $x = 0$, und gleichzeitig damit in Σ sei der rechte Endpunkt bei $x = l_v$, der bewegten Länge des Stabes. Eingesetzt in Gl. (2.2)a) liefert das

$$l_o = \frac{l_v}{\sqrt{1 - v^2/c^2}},$$

also

$$l_v = l_o \cdot \sqrt{1 - v^2/c^2}. \qquad \text{Längen-Kontraktion eines bewegten Stabes} \quad (2.4)$$

Mit (2.3) und (2.4) haben wir „den von Konventionen freien physikalischen Inhalt" der SRT, Einstein (1969).

Abb. 2.2 HENDRIK ANTOON LORENTZ,   *Arnheim 18.07.1853,   † Haarlem 04.02.1928. (Nach einer Arbeit von Christina Günther)

2.1 Überlagerung von Geschwindigkeiten – Einsteins Additionstheorem

Wir nehmen nun ein drittes Inertialsystem Σ'' dazu, welches in bezug auf Σ' in x'-Richtung die Geschwindigkeit u' besitzt,

$$a)\ x'' = \frac{x - u't'}{\sqrt{1 - u'^2/c^2}}\ ,$$

Lorentz-Transformation   (2.5)

$$b)\ t'' = \frac{t - u'x'/c^2}{\sqrt{1 - u'^2/c^2}}.$$

Σ'' möge in bezug auf Σ die Geschwindigkeit $u = \dfrac{dx}{dt}$ besitzen und in bezug auf Σ' die Geschwindigkeit $u' = \dfrac{dx'}{dt'}$. Gemäß (2.2) ist dann

$$u' = \frac{dx'}{dt'} = \frac{dx'}{dt}\left(\frac{dt'}{dt}\right)^{-1} = \gamma_v(u - v) \cdot \frac{1}{\gamma_v(1 - uv/c^2)}\ .$$

Damit erhalten wir Einsteins berühmtes

$$u' = \frac{u - v}{1 - uv/c^2}\qquad \text{Additionstheorem der Geschwindigkeiten}\qquad (2.6)$$

bzw. mit der Umkehrung

$$u = \frac{u' + v}{1 + uv/c^2}\ .\qquad \text{Additionstheorem der Geschwindigkeiten}\qquad (2.7)$$

Nehmen wir z. B an, im System Σ werde eine Rakete abgeschossen und bis nahe an die Lichtgeschwindigkeit beschleunigt, so dass sie eine Geschwindigkeit von $v = 0{,}9\,c$ erreicht. Das ist dann unser Bezugssystem Σ'. Nun werde von dieser Rakete eine zweite gezündet, die in bezug auf die erste am Ende ebenfalls eine Geschwindigkeit von $u' = 0{,}9\,c$ besitzt. Mit Gl. (2.7) finden wir dann eine Geschwindigkeit für die zweite Rakete in bezug auf Σ von

$$u = \frac{0{,}9c + 0{,}9c}{1 + 0{,}9 \cdot 0{,}9 \cdot c^2/c^2} = \frac{1{,}8c}{1{,}81} = 0{,}994475\ldots \cdot c.$$

Wie wir es auch anstellen, die Lichtgeschwindigkeit bleibt unerreicht. Gibt es also prinzipiell keine Überlichtgeschwindigkeiten? Den interessierten Leser verweisen wir zur Beantwortung dieser Frage auf unser essential „Tachyonen – Partikel mit Überlichtgeschwindigkeit in Einsteins Relativitätstheorie", Springer (2021).

2.2   Das Paradoxon und seine Auflösung (II)

Wir geben nachfolgend eine weitere Behandlung des Paradoxons und zwar im Rahmen der Lorentz-Transformation.

Ein kritischer Punkt ist immer der sorgfältige Umgang mit der Gleichzeitigkeit, die, wie wir wissen, eine Definition ist. Wir haben uns hier auf die Einsteinsche Definition festgelegt, wonach dann die Lichtgeschwindigkeit in jedem Inertialsystem denselben numerischen Wert hat und die Umrechnung der Raum-Zeit-Koordinaten zwischen den verschiedenen Inertialsystemen durch die Lorentz-Transformation gegeben ist, s. die Gl. (2.2), (2.5) und auch die in (2.12) aufgeschriebene Umkehrtransformation.

Besonders aufpassen muss man beim Wechsel der Inertialsysteme. Zwei Ereignisse $E_1(x_1, t)$ und $E_2(x_2, t)$, die also in Σ gleichzeitig zu einer Zeit t stattfinden sollen, sind dies aber nicht mehr in einem System Σ', das sich gegenüber Σ mit einer Geschwindigkeit v bewegt. Dort ist $E_1(x_1', t_1')$ und $E_2(x_2', t_2')$ mit $t_1' \neq t_2'$.

In Abb. 2.3 haben wir den Fall von vier gemäß $t = 0$ in Σ gleichzeitigen Ereignissen für die verschiedene Orte $x = -x_2$, $x_1 = 0$, x_2, $x_3 = 2x_2$ dargestellt und die entsprechenden Raum-Zeit-Koordinaten in Σ' benannt. Ersichtlich finden alle vier Ereignisse in Σ' zu verschiedenen Zeiten t' statt. Vgl. auch Abb. 2.5. Es ist immer die Anschauung, mit der unsere Erkenntnis beginnt, die uns dann aber einen Strich durch die Rechnung machen kann, wenn wir uns davon nicht lösen. Raum und Zeit – nach I. Kant (1977) Formen unserer Anschauung – taugen als solche nicht für die physikalische Raum-Zeit, s. auch Günther (2013), Günther und Müller (2019).

Für die weitere Analyse in diesem Kapitel legen wir uns auf folgendes Szenarium fest, das wir in Abb. 2.5 skizziert haben:

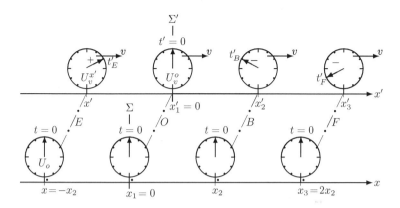

Abb. 2.3 Die Realisierung der Einsteinschen Gleichzeitigkeit in der relativistischen Raum-Zeit. In (2.2) b) haben wir $t = 0$ gesetzt, so dass $t' = \dfrac{-v\,x/c^2}{\sqrt{1 - v^2/c^2}}$. Zur Zeit $t = 0$ in Σ werden die Zeigerstellungen der Σ'-Uhren also gemäß $t' = -\gamma v\,x/c^2$ berechnet. Im Bild haben wir $v = 0{,}8\,c$, also $1/\gamma = \sqrt{1 - v^2/c^2} = 0{,}6$ gewählt und die Uhren so geeicht, dass die Zeit $\Delta t_o := 2\,x_2/c$ einer Zeigerstellung „Viertel" entspricht. Die strichpunktierten Linien verbinden Punkte im Bild, die dasselbe Ereignis darstellen, hier die Ereignisse E, O, B, F

- A ruht die ganze Zeit in einem Inertialsystem $\Sigma(x, t)$.
- Auf dem ersten Teil der Reise läuft B mit einer Geschwindigkeit vom Betrag $|v|$ in Σ in positiver x-Richtung nach rechts und ruht dabei also in einem Inertialsystem $\Sigma'(x', t')$.
- Nach der in $\Sigma(x, t)$ gemessenen Zeit t_u steigt B in ein Inertialsystem $\Sigma^*(x^*, t^*)$ um, das sich mit einer Geschwindigkeit vom Betrag $|v|$ in negativer x-Richtung von Σ bewegt, so dass B am Ende nach der in Σ gemessenen Zeit $T_{Z_A} = 2t_u$ wieder mit A zusammentrifft.

$$(2.8)$$

Das Inertialsystem Σ^* hat in bezug auf Σ eine negative Geschwindigkeit und stimmt auch nicht mit dessen Koordinatenursprung überein. Die Lorentz-Tranformation, die die beiden Inertialsysteme verbindet, können wir im folgenden mit Symmetrieüberlegungen umgehen und brauchen sie daher auch nicht zu notieren.

Wir betrachten zunächst noch einmal die Beobachtungen von Zwilling A, der auf seiner Uhr in Σ die Zeit t abliest. Bruder B entfernt sich von ihm zunächst mit v. Zur Zeit $t = t_u$ auf der Uhr von A soll Bruder B umkehren und sich nun mit der Geschwindigkeit $-v$ auf ihn zu bewegen, so dass er bei der Zeigerstellung $t = t_Z$ auf der Uhr von A wieder bei ihm eintrifft,

$$t = t_Z \equiv t_{Z_A} = 2t_u \quad \text{Zeigerstellung der Uhr von } A \text{ bei der Rückkehr von } B \quad (2.9)$$

Die Uhr von Bruder B unterliegt während der ganzen Reise der Zeitdilatation (2.3). Also sagt A voraus, dass der Zeiger von B am Ende die Stellung t_{Z_B} besitzt gemäß:

$$t_{Z_B} = t_{Z_A}\sqrt{1 - \frac{v^2}{c^2}} \quad \begin{array}{l} \textit{Vorhersage von A für die} \\ \Sigma : \textit{Zeigerstellung der Uhr von B} \\ \textit{bei der Rückkehr von B} \end{array} \quad (2.10)$$

Aber B argumentiert ebenso: Zwillings A entfernt sich von mir auf dem ersten Teil der Reise mit der Geschwindigkeit $-v$, um sich danach mit $+v$ wieder auf mich zu zu bewegen. Da die Zeitdilatation nicht von der Richtung der Geschwindigkeit abhängt, unterliegt er während der ganzen Reise der Zeitdilatation (2.3), so dass der Zeiger seiner Uhr am Ende mit der Stellung t_{Z_A} hinter meiner Uhr zurückgeblieben sein muss gemäß (Abb. 2.4):

$$t_{Z_{A'}} = t_{Z_{B'}}\sqrt{1 - \frac{v^2}{c^2}} \quad \begin{array}{l} \textit{Vorhersage von B für die,} \\ \Sigma', \Sigma^* : \textit{Zeigerstellung der} \\ \textit{Uhr von A bei der Rückkehr von B} \end{array} \quad (2.11)$$

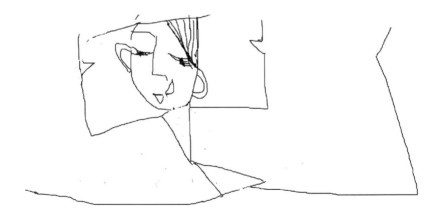

Abb. 2.4 Einerseits und andererseits. (Nach einer Skizze von Christina Günther)

Die Gl. (2.10) und (2.11) können nicht beide richtig sein, da beim Zusammentreffen nur eine der beiden Uhren vorgehen kann.

(2.10) stimmt mit unserem Ergebnis (1.15) überein und ist ebenso richtig wie die Lorentz-Transformation.

In der Tat, wir setzen in (2.2) b) auf der linken Seite $t' = t_{Z_B}$ und nennen den Umkehrzeitpunkt, gemessen in Σ, $t_u = t_{Z_A}/2$. Für die Bewegung von Bruder B beobachtet A auf der ersten Hälfte die Umkehr bei $x = vt_u$. Die zweite Hälfte der Bewegung von B entsteht aus der ersten einfach durch Spiegelung an der x-Achse und bewirkt daher aus Symmetriegründen denselbe Effekt für den Uhrengang von B, so dass

$$t_{Z_B} = 2\frac{t_u - vvt_u/c^2}{\sqrt{1 - v^2/c^2}} = \frac{2t_u\left(1 - v^2/c^2\right)}{\sqrt{1 - v^2/c^2}} = 2t_u\sqrt{t_u - v^2/c^2} = t_Z^A\sqrt{t_u - v^2/c^2},$$

also die Gl. (2.10), ‚der Umweg ist kürzer als der direkte Weg' (Liebscher, priv. com). Der Umkehrvorgang von B fällt hier nicht ins Gewicht, da die Zeitdilatation nur vom Quadrat der Geschwindigkeit abhängt und die ganze Bewegung von B nur von einem einzigen Inertialsystem aus beobachtet wird.

Der kritische Punkt ist die Aussage (2.11) von Bruder B, der das Bezugssystem wechselt.

Zur Analyse der Aussage von B haben wir in (2.8) drei Inertialsysteme eingeführt: Σ, wo A die ganze Zeit ruht, sowie Σ' und Σ^*, in denen sich nacheinander B aufhält, s. Abb. 2.5.

Zur Lorentz-Transformation (2.2) gilt die Umkehrtransformation

$$a)\ x = \frac{x' + v\,t'}{\sqrt{1 - v^2/c^2}},$$
$$b)\ t = \frac{t' + v\,x'/c^2}{\sqrt{1 - v^2/c^2}}.$$

Lorentz-Transformation (Umkehr von (2.2)) (2.12)

Den einigermaßen komplizierten Überlegungen beim Ablauf der Zeit durch das Umsteigen von Bruder B, wie wir sie in unserem essential Günther (2021) explizit durchgerechnet haben, entkommen wir hier durch eine Symmetriebetrachtung. Aus Symmetriegründen brauchen wir bloß den ersten Teil der Reise zu betrachten. Der zweite Teil ergibt durch Spiegelung einfach noch mal dieselbe Zeit. Wegen (2.2) b) ist also

$$t'_u = \frac{t_u - vx/c^2}{\sqrt{1 - v^2/c^2}} = t_u\sqrt{1 - v^2/c^2}.$$

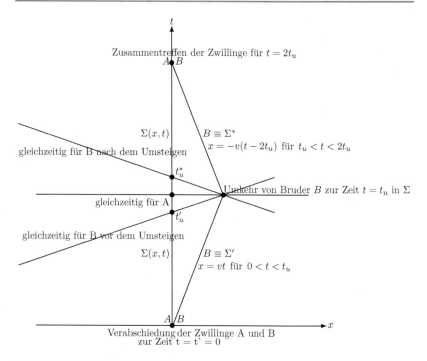

Abb. 2.5 Die Gleichzeitigkeitsfälle mit freundlicher Genehmigung nach einer Skizze von E. Liebscher (1973), dargestellt im Inertialsystem $\Sigma(x, t)$. Vgl. dazu die Erklärungen in Abb. 2.6, wo dieselbe Situation dargestellt wird

und mit $t_A = 2t_u$, $t_B = 2t_u'$ dann wieder

$$t_B < t_A, \tag{2.13}$$

was wir zeigen wollten.

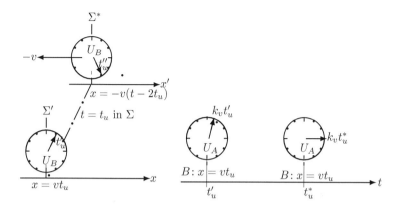

Abb. 2.6 Das Umsteigen von Bruder B von Σ' nach Σ^* zur Zeit $t = t_u$ in Σ. Wenn B vor dem Umsteigen für A die Zeit misst, die mit seinem t_u' gleichzeitig in Σ' ist und nach dem Umsteigen für A die Zeit misst, die mit seinem t_u^* gleichzeitig in Σ^* ist, unterschlägt er die Bewegung von A zwischen t_u' und t_u^* und kommt so zu seiner falschen Aussage (2.11), weil er die Zeit $k_v t_u^* - k_v t_u'$ bei der Bewegung von A nicht beachtet, s. auch Abb. 2.5. (Die strichpunktierte Linie verbindet dieselben Raum-Zeit-Punkte)

Umkehrproblem und Gravitation

3

Bisher hierher haben wir das Zwillingsparadoxon als ein rein speziellrelativistisches Problem betrachtet. Der Gang von Uhren in Gravitationsfeldern war nicht Gegenstand unserer Überlegungen. Beschleunigungen oder der Einfluss von gravitierenden Massen wurden also außeracht gelassen. Dennoch, damit Bruder B seinem Zwilling hinterhereilen kann, muss er umkehren. Die Physik ist in letzter Instanz eine experimentierende Wissenschaft. Wenn man also die behauptete Zwillingsgeschichte im Versuch verifizieren will, muss man daher sowohl berücksichtigen, dass die beiden Zwillinge erst einmal von Null auf ihre Geschwindigkeiten gebracht werden müssen und dass der umkehrende Bruder B eine Beschleunigung erfährt, damit er seinem Zwilling A hinterhereilen und ihn einholen kann. Ferner befinden wir uns immer in der Nähe von gravitierenden Massen und müssen daher auch die Frage nach deren Einfluss auf den Gang von Uhren berücksichtigen.

Wie oben dargestellt, s. Gl. (1.8), beträgt die Zeit t' von Bruder B, wie sie A beurteilt, $t' = t\sqrt{1 - v^2/c^2}$. Der Effekt ist also der Dauer t der Reise proportional. Indem wir die Reisezeit beliebig groß annehmen, kann daher der Effekt, der durch die Beschleunigung zustande kommt, relativ gesehen, beliebig klein gehalten werden. Wir konnten ihn daher hier erst einmal vernachlässigen.

Ferner haben wir unser Gedankenexperiment mit den Zwillingen so angelegt, als wenn wir uns irgendwo im Universum weitab von irgendwelchen Massen aufhalten würden, so dass wir dann auch den Einfluss der Gravitation außacht lassen konnten. Beides zusammen rechtfertigte unsere Berechnungen zum Zwillingsparadoxon mit den Ergebnissen (2.10) und (2.13).

Den Einfluss von Beschleunigung und Gravitation auf das Zwillingsparadoxon wollen wir jetzt nachholen.

Galilei hat beobachtet, dass alle Körper gleich schnell fallen, wenn man störende Einflüsse, die z. B. durch Luftwiderstand verursacht werden, ausschaltet. Eine leichte Daunenfeder fällt im Vakuum genauso schnell zu Boden wie ein Stahlkugel.

H. Günther, *Das Zwillingsparadoxon unter Berücksichtigung der Gravitation*, essentials, https://doi.org/10.1007/978-3-662-65081-3_3

Einstein hat diesen Sachverhalt zu seinem Äquivalenzprinzip ausgebaut und daraus seine Allgemeine Relativitätstheorie hergeleitet, deren theoretischer Rahmen auch eine exakte und vollständige Beschreibung der Zwillingsgeschichte liefert. In Zahlen: Eine Beschleunigung von $9,81 ms^{-2}$ ist lokal von einem Aufenthalt im Schwerefeld auf der Erde nicht zu unterscheiden. Wir gehen darauf im folgenden Abschn. 3.1 etwas ausführlicher ein.

Jeder periodische Vorgang kann als Uhr verwendet werden. Bei einer Verminderung der Frequenz ν verlangsamt sich der Gang der Uhr, d. h., die Schwingungsdauer T ist reziprok zur Frequenz,

$$\nu = \frac{1}{T}. \tag{3.1}$$

Ausgangspunkt sei ein Inertialsystem Σ, wo sich das Licht mit der Geschwindigkeit c ausbreitet.[1] Solange dort ein Sender ruht und elektromagnetische Wellen der Frequenz ν_S aussendet, werden diese von einem dort ebenfalls ruhenden Empänger mit einer Frequenz $\nu_E = \nu_S$ registriert. Wir betrachten den Fall, dass sich der Sender links vom Empfänger befindet und die Wellen nach rechts zum Empfänger schickt.

Bewegt sich nun der Sender in Σ mit der Geschwindigkeit ν, dann misst der unverändert ruhende Empfänger gemäß dem sog. longitudinalen Doppler-Effekt eine Frequenz ν_E gemäß, s. z. B. Günther und Müller (2020),

$$\nu_E = \nu_S \frac{1}{1 - v/c}. \tag{3.2}$$

In linearer Näherung, wenn wir also annehmen, dass v klein gegen die Lichtgeschwindigkeit ist, können nach der Taylor-Entwicklung, s. z. B. in Günther (2013), dafür schreiben

$$\nu_E = \nu_S(1 + \frac{v}{c}) \text{ für } v \ll c. \tag{3.3}$$

Zwei aufeinanderfolgende, vom Sender emittierte Wellenberge haben in Σ den Abstand

$$\lambda = (c - v)T_S \tag{3.4}$$

---

[1] Lichtwellen werden in diesem Sinn zur Definition der Zeitnormale, der Sekunde, in Atomuhren herangezogen, vgl. z. B. Günther und Müller (2019).

und bewegen sich dort mit der Geschwindigkeit c in Richtung Empfänger. Nun möge auch der Empfänger in bezug auf Σ nach rechts die Geschwindigkeit v besitzen. Die beiden Wellenberge übertreichen ihn dann mit der Geschwindigkeit $c - v$. Das dauert die Zeit (man beachte, dass in unserer Anordnung sich der Empfänger von der Welle weg bewegt)

$$T_E = \frac{\lambda}{c - v} = \frac{c - v}{c - v} T_S = T_S, \tag{3.5}$$

was man so auch erwartet, da Sender und Empfänger in bezug auf Σ dieselbe Geschwindigkeit haben.

V. Müller hat nun folgendes Gedankenexperiment vorgeschlagen, um den Einfluss von Beschleunigung und Gravitation auf die Änderung einer Frequenz, hier des Lichtes, zu untersuchen, s. Günther und Müller (2020), s. Abb. 3.1:

Sender und Empfänger sollen zusätzlich zu ihrer Geschwindigkeit v mit a beschleunigt werden, so dass sie ihren Abstand beibehalten.

Während der Lichtlaufzeit $t = x/c$ der beiden Wellenberge steigert das vordere Raumschiff seine Geschwindigkeit um den Betrag

$$\Delta v = at = ax/c. \tag{3.6}$$

Die beiden Wellenberge überstreichen den Empfänger nun in der Zeit T_E^δ,

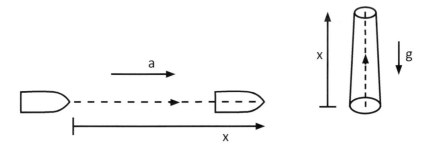

Abb. 3.1 Illustration zur gravitativen Rotverschiebung mit freundlicher Genehmigung von V. Müller, s. Günther and Müller (2020). Links: Ein Raketenpaar mit einer Beschleunigung a in Bewegungsrichtung und dem Lichtsignal als gestrichelte Linie. Rechts: Ein Lichtsignal im Turm wird senkrecht im Erdschwerefeld nach oben gesandt, ebenfalls gestrichelt gezeichnet

$$T_E^\delta = \frac{\lambda}{c - (v + \Delta v)} = \frac{c - v}{c - v - \Delta v}\, T_S\,, \quad \text{also} \tag{3.7}$$

$$v_E = \frac{1}{T_E} = \frac{c - v - \Delta v}{c - v}\, v_S = \left(1 - \frac{\Delta v}{c - v}\right) v_S,$$

$$v_E = v_S - v_S\, \frac{ax}{c}\, \frac{1}{c - v} = v_S - v_S\, \frac{ax}{c^2}\, \frac{1}{1 - v/c} = v_S - v_S\, \frac{ax}{c^2}\left(1 + \frac{v}{c}\right). \tag{3.8}$$

In unserer Näherung folgt mit $\Delta v = v_E - v_S$ die Frequenzverschiebung

$$-\frac{\Delta v}{v} = \frac{ax}{c^2}. \tag{3.9}$$

Wir übernehmen weiter die Argumentation von V. Müller und drehen die Beobachtungsrichtung um einen rechten Winkel, wie in Abb. 3.1 rechts skizziert, schicken also ein Lichtsignal *gegen die Beschleunigung* g in einem Turm um eine Strecke x senkrecht nach oben. Dann beobachtet der obere Empfänger wegen $c = \lambda v$ mit $\Delta\lambda/\lambda = -\Delta v/v$ eine Wellenlängenvergrößerung um denselben Betrag wie in Gl. (3.9),

$$\frac{\Delta\lambda}{\lambda} = \frac{gx}{c^2}. \tag{3.10}$$

Ausgedrückt in den Perioden T_v und T_o folgt mit Gl.(3.1) für den Uhrengang

$$\frac{T_v}{T_o} = \frac{v_o}{v_v} = \frac{v_v - \Delta v}{v_v} = 1 - \frac{\Delta v}{v}, \quad \text{also}$$

$$\frac{T_v}{T_o} = 1 + \frac{ax}{c^2}. \tag{3.11}$$

Aus Gl. (3.11) und (3.10) entnehmen wir, dass Beschleunigung und Gravitation auf jeden Fall einen Effekt in derselben Richtung ausmachen wie die Gangverzögerung einer Uhr durch die Bewegung, wie wir das z. B. in Abb. 1.4 illustriert haben. Insofern stellt die Umkehr kein wirkliches Problem für unsere bisherige Bewertung der Zwillingsgeschichte dar.

Gl. (3.10) ist die berühmte gravitative Rotverschiebung, die Einstein aus den Überlegungen zum Äquivalenzprinzip bereits um 1912, also schon mehrere Jahre vor der Fertigstellung der Allgemeinen Relativitätstheorie hergeleitet hat, s. Pais

(1986). Wir haben also gesehen, die Lichtausbreitung im Schwerefeld (im rechten Teil von Abb. 3.1) entspricht dem des Tandemfluges, wobei das Lichtsignal der Beschleunigung nachgesandt wird.

3.1 Der Zusammenhang mit Einsteins Allgemeiner Relativitätstheorie und Newtons Gravitation

Seit 1915 wissen wir durch Einstein, s. Lorentz (1958), dass die Geometrie unserer Raum-Zeit durch die Verteilung der Massen im Universum bestimmt wird. Die Allgemeine Relativitätstheorie (ART) ist die Theorie von Raum, Zeit und Gravitation. Tatsächlich befinden wir uns immer in der Nähe gravitierender Massen und daher in der Zuständigkeit der Allgemeinen Relativitätstheorie, die eine weitgehende Verallgemeinerung der Newtonschen Theorie darstellt.

Wir wollen hier einen knappen Einblick in Einsteins Theorie der Gravitation geben, seine Allgemeine Relativitätstheorie, und verweisen für den theoretisch stärker interessierten Leser auf die einschlägigen Lehrbücher, s. z. B. Wheeler et al. (1973)

Aus der Unmöglichkeit, im Rahmen der Newtonschen Theorie das Problem von träger und schwerer Masse zu lösen, zieht Einstein die entscheidende Schlussfolgerung und postuliert sein Äquivalenzprinzip:

> Die träge Masse und die schwere Masse eines Körpers sind nicht nur zahlenmäßig gleich, sondern auch begrifflich identisch.

Eine damit gleichwertige Formulierung lautet:

> Es ist lokal ununterscheidbar, ob ein Körper einer Beschleunigung unterworfen wird oder ob er sich in einem Gravitationsfeld befindet.

Darauf gründet sich Einsteins Allgemeine Relativitätstheorie.

Aus einem auf R. C. Tolman zurückgegenden Gedankenexperiment folgt, dass die träge Masse eines Körpers ebenso von der Geschwindigkeit abhängt wie die Schwingungsdauer einer bewegten Uhr, s. die ausführlichen Erklärungen dazu in Günther (2013), Günther und Müller (2019). Dort rechnen wir auch nach, dass dann aus dem total unelastischen Stoß zweier Massen Einsteins berühmte Energie-Masse-

Äquivalenz hergeleitet werden kann, vgl. auch die einfache Darstellung in Günther und Müller (2015):

$$\text{schwere Masse} = \text{träge Masse} = \text{Energie}/c^2$$

Als Quelle der Gravitation bleibt also allein die Energie übrig, die wir mit Hilfe der Lichtgeschwindigkeit auf die Masse *umrechnen* können. Und diese Gravitation wirkt auf Himmelskörper ebenso wie auf Elementarteilchen und ihre Antiteilchen, auf Teilchen mit oder ohne Ruhmasse, also auch auf das Licht. Die Gravitation kann prinzipiell nicht abgeschirmt werden, wie man das z. B. bei elektrischen Feldern machen kann.

Um einen Hinweis auf die Natur des Gravitationsfeldes zu bekommen, überlegen wir uns ein einfaches Gedankenexperiment: Wir betrachten eine Scheibe. Die Geometrie auf dieser Scheibe ist euklidisch. Für ein rechtwinkliges Dreieck auf der Scheibe gilt dann der Satz des Pythagoras. Damit gleichwertig ist die Aussage, dass das Verhältnis vom Umfang U der Scheibe zu ihrem Durchmesser d gegeben ist durch $U = \pi d$.

Nun soll die Scheibe rotieren, und wir betrachten das Inertialsystem, in dem der Mittelpunkt der Scheibe ruht. Ein Element ds des Umfangs bewegt sich dann in seiner Längsrichtung mit einer Geschwindigkeit v in bezug auf dieses System, während ein radiales Element dr sich nur senkrecht zu seiner Ausdehnung bewegt. Das Element ds unterliegt also der Lorentz-Kontraktion, nicht aber das radiale Element dr.

Folglich ist nun auf der rotierenden Scheibe $U < \pi d$. Die Geometrie auf der rotierenden Scheibe ist nicht mehr euklidisch. Und je weiter wir uns vom Mittelpunkt der Scheibe entfernen, um so größer wird diese Abweichung von der Euklidizität.

Bisher hatten wir uns, dem Kantschen a priori folgend, bei der Beschreibung von Bewegungen auf den Standpunkt gestellt, dass der Raum ein für alle Mal euklidisch ist. Die Winkelsumme im Dreieck ist dann immer 180° bzw. π im Bogenmaß.

Die Rotation der Scheibe ist für die Elemente auf dem Rand eine beschleunigte Bewegung. Wir betrachten eine kleine Umgebung **U** von ds auf dem Rand der rotierenden Scheibe. Die Geometrie in dem Bereich **U** ist nicht mehr euklidisch. Gemäß Einsteins Äquivalenzprinzip kann ein in **U** befindlicher Beobachter nicht entscheiden, ob er sich in einer beschleunigten Bewegung oder in einem Gravitationsfeld befindet. Ein der Beschleunigung der Kreisbewegung von ds auf der rotierenden Scheibe äquivalentes Gravitationsfeld erzeugt also eine Änderung der Geometrie in **U**.

Wir wollen uns zunächst an folgenden Zusammenhang aus der dreidimensionalen Geometrie erinnern: Für zwei benachbarte Punkte $P(x^i)$ und $Q(x^i + dx^i)$ ist ein Abstand dr^2 definiert gemäß

$$dr^2 := d\mathbf{x} \cdot d\mathbf{x} = g_{\alpha\beta} dx^\alpha dx^\beta \quad \text{Abstand zweier benachbarter Punkte} \quad (3.12)$$

mit $\alpha, \beta = 1, 2, 3$, also z. B. in Zylinderkoordinaten mit ρ für den zweidimensionalen Abstand und φ für den Winkel zur x-Achse in der x, y-Ebene,

$$\left.\begin{aligned} x &= \rho \cos\varphi \ , \\ y &= \rho \sin\varphi \ , \\ z & \end{aligned}\right\} \qquad \text{Zylinderkoordinaten} \quad (3.13)$$

und damit nach kurzer Rechnung aus (3.12), wo wir einen euklidischen Raum angenommen haben,

$$dr^2 := d\rho^2 + \rho^2 d\varphi^2 + dz^2, \qquad \text{Zylinderkoordinaten} \quad (3.14)$$

also mit $x^1 = \rho$, $x^2 = \varphi$, $x^3 = z$

$$g^Z_{\alpha\beta} = \begin{pmatrix} 1 & 0 & 0 \\ 0 & \rho^2 & 0 \\ 0 & 0 & 1 \end{pmatrix}. \qquad \text{Zylinderkoordinaten} \quad (3.15)$$

Die Geometrie unseres dreidimensionalen Raumes wird also in Abhängigkeit von den verwendeten Koordinaten durch einen *metrischen Tensor* $g_{\alpha\beta}$ beschrieben.

Wir müssen nun aber gleich noch einen Schritt weiter gehen und beachten, dass das physikalische Geschehen in Raum und Zeit stattfindet, wir es in der mathematischen Beschreibung folglich mit dem vierdimensionalen Minkowski-Raum zu tun haben, dessen Metrik durch einen vierdimensionalen metrischen Tensor $\boldsymbol{\eta}$ beschrieben wird.

Dazu hatten wir in Kap. 2, Gl.2.1, als übergeordnete geometrische Größe in der vierdimensionalen Raum-Zeit Minkowskis Linienelement kennengelernt,

$$ds^2 \equiv c^2 dt^2 - dx^2 - dy^2 - dz^2 = ds'^2 \equiv c^2 dt'^2 - dx'^2 - dy'^2 - dz'^2.$$

Für $ds = 0$ verbindet (dx, dy, dz) die Endpunkte eines Lichtsignals.

Wir schreiben

$$ds^2 = \eta_{ik} dx^i dx^k \qquad (3.16)$$

mit

$$\eta_{ik} = \begin{pmatrix} 1 & 0 & 0 & 0 \\ 0 & -1 & 0 & 0 \\ 0 & 0 & -1 & 0 \\ 0 & 0 & 0 & -1 \end{pmatrix}. \tag{3.17}$$

Wir werden jetzt folgenden Sachverhalt darlegen:

> Der Gravitation können wir einfach durch eine Verallgemeinerung
> des Minkowski-Tensors η Rechnung tragen gemäß

$$g_{ik} = \begin{pmatrix} g_{00} & g_{01} & g_{02} & g_{03} \\ g_{10} & g_{11} & g_{12} & g_{13} \\ g_{20} & g_{21} & g_{22} & g_{23} \\ g_{30} & g_{31} & g_{32} & g_{33} \end{pmatrix} \xrightarrow[\text{verschwindende Gravitation}]{} \eta_{ik} = \begin{pmatrix} 1 & 0 & 0 & 0 \\ 0 & -1 & 0 & 0 \\ 0 & 0 & -1 & 0 \\ 0 & 0 & 0 & -1 \end{pmatrix}. \tag{3.18}$$

Damit haben wir die Riemannsche Geometrie eingeführt, Portrait Riemann s.
Abb. 3.2.

Mit g^{ik} definieren wir noch die inverse Matrix zu g_{ik}, also[2]

$$g_{ir}g^{rk} = \delta_i^k. \tag{3.19}$$

Wir werden sehen, dass der metrische Tensor g_{ik} eines nun nicht mehr euklidischen
Raumes an die Stelle des Newtonschen Gravitationspotentials tritt, s. φ in (3.42)
und (3.45). Und die Massendichte ϱ auf der rechten Seite von (3.45) wird vermöge
des Einsteinschen Äquivalenzprinzips und seiner Energie-Masse-Äquivalenz durch
die Energie auszudrücken sein.

Gesucht sind also Differentialgleichungen zweiter Ordnung für g_{ik}. Es gibt aber
nun keinen euklidischen Raum mehr und daher auch keine kartesischen Koordinaten. Die gesuchten Gleichungen werden also für beliebige Koordinaten zu formulieren sein, und es müssen Tensorgleichungen sein, damit sie in jedem Bezugssystem
gelten. In beliebigen Koordinaten bilden die partiellen Ableitungen eines Tensors
i. Allg. keinen Tensor mehr. Wir müssen daher zunächst die partielle Ableitung,
die durch ein Komma abgekürzt werden ($\partial f/\partial x := f_{,x}$), durch eine sog. kova-
riante Ableitung ersetzen, die man häufig auch durch ein Semikolon kennzeichnet.

---

[2] Wir verweisen auf die heute durchgängig verwendete sog. Einsteinsche Summenkonvention,
wonach über zwei gleiche Indizes immer summiert wird: $\alpha, \beta = 1, 2, 3, i, k = 0, 1, 2, 3$,
wobei die Zeitkoordinate den Index 0 trägt.

Für eine ausführliche Beschreibung s. z. B. Günther (2013). Für einen Vektor V^i schreiben wir formal

$$\left.\begin{aligned}
\frac{D\,V^i}{D\,x^k} &\equiv V^i{}_{;\,k} := \frac{\partial\,V^i}{\partial\,x^k} + \{{}^{\ i}_{k\,r}\}\,V^r, \\
\frac{D\,V_i}{D\,x^k} &\equiv V_{i;\,k} := \frac{\partial\,V_i}{\partial\,x^k} - \{{}^{\ r}_{k\,i}\}\,V_r\ .
\end{aligned}\right\} \qquad \text{Kovariante Ableitung} \quad (3.20)$$

Abb. 3.2 Georg Friedrich Bernhard Riemann, *Dannanberg (Elbe) 19.09.1826, † Selasca (Italien) 20.07.1866. (Nach einer Arbeit von Christina Günther)

Mit dem zu g_{ik} inversen Tensor g^{ik} werden die sog. Christoffel-Symbole die wesentliche Größe,

$$\{{i \atop k\,l}\} = \frac{1}{2}\, g^{i\,r}\, (-\partial_r\, g_{k\,l} + \partial_k\, g_{l\,r} + \partial_l\, g_{r\,k})\,. \qquad \text{Christoffel-Symbole} \quad (3.21)$$

Die gemäß (3.20) kovariant abgeleiteten Vektoren bilden nun einen Tensor zweiter Stufe, ebenso wie im euklidischen Raum bei kartesischen Koordinaten die partiellen Ableitungen eines Vektors einen Tensor zweiter Stufe bilden.

Die Christoffel-Symbole selbst sind kein Tensor, aber man kann daraus einen Tensor bilden, den Krümmungstensor $R_{jik}{}^{l}$,

$$R_{jik}{}^{l} := \partial_j\{{l \atop i\,k}\} - \partial_i\{{l \atop j\,k}\} + \{{s \atop i\,k}\}\{{l \atop j\,s}\} - \{{s \atop j\,k}\}\{{l \atop i\,s}\}\,. \quad \text{Krümmungstensor} \quad (3.22)$$

Mit Hilfe des Ricci-Tensors R_{ik} und mit dem Krümmungsskalar R gemäß

$$R_{ik} := R_{sik}{}^{s} \qquad\qquad\qquad \text{Ricci-Tensor} \qquad (3.23)$$

und

$$R := R_{ik}\, g^{ik} \qquad\qquad\qquad \text{Krümmungs-Skalar} \qquad (3.24)$$

wird dann der Einstein-Tensor E_{ik} gebildet,

$$E_{ik} := R_{ik} - \frac{1}{2}\, g_{ik}\, R\,. \qquad\qquad \text{Einstein-Tensor} \qquad (3.25)$$

Einsteins Gravitationsgleichungen lauten damit

$$\boxed{E_{ik} = \frac{8\,\pi\,f}{c^4}\, T_{ik}\,. \qquad\qquad \begin{array}{l}\text{Einsteins} \\ \text{Gravitationsgleichungen}\end{array} \qquad (3.26)}$$

mit einem noch zu bestimmenden Faktor f.

Dabei ist T_{ik} der das Gravitationsfeld erzeugende Energie-Impuls-Tensor, der im allgemeinen Fall folgendermaßen lautet,

$$T = \begin{pmatrix} \upsilon & \dfrac{1}{c}\,\mathbf{S} \\ c\,\mathbf{g} & \mathbf{t} \end{pmatrix}. \tag{3.27}$$

Hierbei ist υ eine Energiedichte, $\mathbf{S}$ eine Energiestromdichte, $\mathbf{g}$ eine Impulsdichte und $\mathbf{t}$ ein dreidimensionaler Spannungstensor. Einsteins Energie-Masse-Äquivalenz bedeutet $\mathbf{S} = c^2\,\mathbf{g}$.

Die Einsteinschen Gleichungen der ART (3.26) sind zunächst 10 nichtlineare partielle Differentialgleichungen zweiter Ordnung für die Bestimmung der 10 Funktionen der Metrik g_{ik}.

Der Einstein-Tensor hat aber nun folgende Eigenschaft. Wir bilden

$$E_i^k = E_{ir}\,g^{rk}.$$

Durch explizites Ausrechnen verifiziert man, dass für die kovarianten Ableitungen die sog. Bianchi-Identität gilt,

$$\frac{DE_i^r}{Dr} := \frac{\partial E_i^r}{\partial r} - \begin{Bmatrix} s \\ i\ r \end{Bmatrix} E_s^r + \begin{Bmatrix} r \\ r\ s \end{Bmatrix} E_i^s \equiv 0. \qquad \text{Bianchi-Identität} \tag{3.28}$$

4 von den 10 Einsteinschen Gleichungen für die 10 Funktionen g_{ik} sind also identisch erfüllt. Wir können daher 4 zusätzliche Bedingungen stellen. Das müssen wir auch, um die Koordinaten festzulegen, in denen wir die g_{ik} ausrechnen wollen. Für viele Anwendungen sind die folgenden Koordinatenbedingungen für die Rechnungen vorteilhaft,

$$\frac{\partial}{\partial x^r}\,g^{ir} = 0. \qquad \text{Koordinatenbedingungen} \tag{3.29}$$

Im einfachsten Fall einer ruhenden, staubförmigen Materie mit einer Massendichte ϱ, so dass $\upsilon = \varrho\,c^2$ und $\mathbf{S} = \mathbf{g} = \mathbf{t} = \mathbf{0}$, folgt für den Tensor $\mathbf{T}$,

$$T_{ik}^S = \begin{pmatrix} \varrho\,c^2 & 0 & 0 & 0 \\ 0 & 0 & 0 & 0 \\ 0 & 0 & 0 & 0 \\ 0 & 0 & 0 & 0 \end{pmatrix}. \tag{3.30}$$

Wir benutzen diesen Energietensor, um den Faktor $\dfrac{8\,\pi\,f}{c^4}$ in den Einsteinschen Gln. (3.26) durch einen Grenzübergang zu den Newtonschen Gln. (3.45) zu erklären.

Wir beachten, dass die Funktionen g_{ik} eine Änderung der Minkowski-Metrik beschreiben, setzen

$$g_{ik} = \eta_{ik} + \gamma_{ik} \qquad (3.31)$$

und betrachten nun den Fall, dass die Abweichungen γ_{ik} vom Minkowski-Tensor klein sind, also

$$\gamma_{ik} \ll 1 . \qquad \text{Lineare Näherung} \quad (3.32)$$

In den Einsteinschen Gln. (3.26) vernachlässigen wir alle nichtlinearen Terme in den γ_{ik}. Für die Spur des Energietensor T_{ik}^S schreiben wir noch $T^S := \sum T_r^r$. Wir beachten, dass in der linearen Näherung die Stellung der Indizes nicht ins Gewicht fällt und erhalten

$$g^{ik} E_{ik} \qquad \longrightarrow \text{lin} \quad \eta^{ik} R_{ik} - \frac{1}{2}\eta^{ik}\eta_{ik} R \;=\; \frac{8\,\pi\,f}{c^4}\,\eta^{ik}\, T ik^S,$$

$$R - 2R \;=\; \frac{8\,\pi\,f}{c^4}\,\varrho\,c^2,$$

$$R \;=\; -\frac{8\,\pi\,f}{c^2}\,\varrho,$$

$$R_{ik} - \frac{1}{2}g_{ik}R \quad \longrightarrow \text{lin} \quad R_{ik} + \frac{1}{2}\eta_{ik}\frac{8\,\pi\,f}{c^4}\varrho\,c^2 \;=\; \frac{8\,\pi\,f}{c^4}\, T ik^S,$$

$$R_{ik} \;=\; \frac{8\,\pi\,f}{c^4}\left(T_{ik}^S - \frac{1}{2}\eta_{ik}\,T^S \right)$$

und damit in linearer Näherung wegen $T^S = \varrho c^2$ für den Energie-Impuls-Tensor (3.30)

$$R_{00} = \frac{4\,\pi\,f}{c^2}\,\varrho. \qquad (3.33)$$

Für den Vergleich mit der Newtonschen Theorie, Portrait von Newton s. Abb. 3.3, lassen wir in (3.33) nun die Ableitungen $\dfrac{\partial}{\partial x^o} = \dfrac{1}{c}\dfrac{\partial}{\partial t}$ wegen des Faktors $\dfrac{1}{c}$ weg und ebenso alle nichtlinearen Terme. Wir suchen also die statische, lineare Näherung von (3.33). Wir beachten dazu die Definition der Christoffel-Symbole (3.21) und finden mit (3.22) und (3.23)

$$R_{00} = \partial_\alpha \begin{Bmatrix} \alpha \\ o\,o \end{Bmatrix} \qquad = \partial_\alpha \frac{1}{2}\,\eta^{\alpha r}(-\partial_r g_{00} + \partial_0 g_{0r} + \partial_0 g_{r0})$$

$$= \partial_\alpha \frac{1}{2}\,\eta^{\alpha\,\beta}(-\partial_\beta g_{00}) \qquad\qquad\qquad \alpha, \beta = 1, 2, 3\,.$$

$$= \frac{1}{2}\triangle g_{00}\,.$$

Hiermit haben wir den Laplace-Operator $\triangle := \partial x \partial x + \partial y \partial y + \partial z \partial z$ eingeführt. Gemäß (3.31) schreiben wir $g_{00} = 1 + \gamma_{00}$, und es folgt für (3.33)

$$\triangle \gamma_{00} = \frac{8\,\pi\,f}{c^2}\,\varrho. \tag{3.34}$$

Mit

$$\gamma_{00} = \frac{2}{c^2}\,\varphi \tag{3.35}$$

sind das aber gerade die Gleichungen für das Potential φ in den Newtonschen Gravitationsgleichungen (3.45), wenn f die Newtonsche Gravitationskonstante ist, wie wir gleich sehen werden.

Nach Newton, Portrait von Newton s. Abb. 3.3, ist die Kraft $\mathbf{F}_{Mm}$, die eine punktförmig gedachte Masse M auf eine punktförmig gedachte Masse m ausübt, gegeben durch

$$\mathbf{F}_{Mm} = -f\,M\,\frac{\mathbf{r}}{r^3}\,m. \qquad\qquad \text{Gravitationskraft} \tag{3.36}$$

Dabei ist $\mathbf{r}$ der Vektor, der von der Kraftquelle M nach m gerichtet ist.

Im SI-Maßsystem aufgeschrieben, wird für die universelle Naturkonstante f, die Gravitationskonstante, der folgende Wert gemessen,

$$f = (6{,}672 \pm 0{,}007) \cdot 10^{-11}\;[\mathrm{N\,m^2\,kg^{-2}}]. \qquad \text{Gravitationskonstante} \tag{3.37}$$

Um die Bewegung der Masse m zu berechnen, hat man (3.36) in das Zweite Newtonsche Axiom einzusetzen, also

$$\frac{d^2(m\,\mathbf{x})}{dt^2} = -f\,M\,\frac{\mathbf{r}}{r^3}\,m, \tag{3.38}$$

um daraus die Bewegung der Masse m zu bestimmen.

Dieses Problem ist in Strenge aber komplizierter, als es auf den ersten Blick aussieht. In seinem Gegenwirkungsaxiom hat Newton berücksichtigt, dass die Masse m mit der entgegengesetzt gleichen Kraft $\mathbf{F}_{mM}$ auf M zurückwirkt,

$$\mathbf{F}_{mM} = -\mathbf{F}_{Mm}. \qquad \text{Das Dritte} \atop \text{Newtonsche Axiom} \qquad (3.39)$$

Es gilt also ebenfalls

$$\frac{d^2(M\,\mathbf{x})}{dt^2} = f\,m\,\frac{\mathbf{r}}{r^3}\,M, \qquad (3.40)$$

wobei $\mathbf{r}$ derselbe Vektor ist wie oben, aber nun von M auf die Kraftquelle m hin gerichtet, so dass hier das Minuszeichen weggefallen ist. Die beiden Gln. (3.38) und (3.40) müssen simultan gelöst werden. Es liegt also immer mindestens ein Zweikörperproblem vor. Das Ergebnis sind dann, z. B. die Keplerschen Gesetze, s. etwa in Günther (2013), Günther und Müller (2019).

Wir machen jetzt die Annahme, dass die Masse m sehr viel kleiner ist als M, im Prinzip beliebig klein. Man spricht dann von einem Probeteilchen, dessen Bewegung wir nun für eine Verteilung sehr vieler Quellmassen untersuchen wollen.

Newtons Gravitationskraft $\mathbf{F}$ gemäß (3.36) ist konservativ[3], denn

$$\mathbf{F}_x = -\frac{\partial}{\partial x}\left(-\frac{f\,M}{\sqrt{x^2+y^2+z^2}}\,m\right) = -\frac{1}{2}\,f\,M\,m\,\frac{2x}{\sqrt{x^2+y^2+z^2}^{\,3}}$$
$$= -f\,M\,\frac{x}{\sqrt{x^2+y^2+z^2}^{\,3}}\,m, \qquad \text{ebenso die anderen Komponenten,}$$

also

$$\mathbf{F} = -\text{grad}\,V \quad \text{mit} \quad V = -\frac{f\,M}{r}\,m. \qquad (3.41)$$

Anstelle der Masse M betrachten wir nun eine mit der Dichte $\varrho(\mathbf{x}')$ kontinuierlich verteilte Masse. Die Position $\mathbf{x}'$ ist dabei der sog. Quellpunkt. Das Potential $\varphi = \varphi(\mathbf{x})$ dieser Massenverteilung ist definiert durch

---

[3] Eine Kraft heißt konservativ, wenn sie, wie in Gl. (3.41), als Gradient eines Potentials geschrieben werden kann.

$$\varphi(\mathbf{x}) = -f \int \frac{\varrho(\mathbf{x} - \mathbf{x}')}{\sqrt{(\mathbf{x} - \mathbf{x}')^2}} \, d^3\mathbf{x}'. \tag{3.42}$$

Befindet sich eine Masse m am Ort $\mathbf{x}$, dann wird die Kraft $\mathbf{F}$ der gemäß (3.42) kontinuierlich verteilten Massen auf m beschrieben durch

$$\mathbf{F} = -m \operatorname{grad} \varphi(\mathbf{x}) = f \, m \operatorname{grad} \int \frac{\varrho(\mathbf{x} - \mathbf{x}')}{\sqrt{(\mathbf{x} - \mathbf{x}')^2}} \, d^3\mathbf{x}'. \tag{3.43}$$

Wir verifizieren diese Gleichung für eine punktförmige Masse M am Koordinatenursprung $\mathbf{x} = 0$. Anstelle der kontinuierlichen Massendichte, d. h. für $\varrho(\mathbf{x} - \mathbf{x}')$, schreiben wir die dreidimensionale Diracsche δ-Funktion, s. z. B. Günther (2013),

$$\varrho(\mathbf{x} - \mathbf{x}') = M \, \delta(x) \, \delta(y) \, \delta(z), \tag{3.44}$$

also, indem wir $\sqrt{(\mathbf{x} - \mathbf{x}')^2} = r$ schreiben,

$$\mathbf{F} = f \, m \, M \operatorname{grad} \int \frac{\delta(\mathbf{x}')}{\sqrt{(\mathbf{x} - \mathbf{x}')^2}} \, d^3\mathbf{x}' = f \, m \, M \operatorname{grad} \frac{1}{r}$$

und damit (3.41), was wir zeigen wollten.

Unter Beachtung des Zweiten Newtonschen Axioms setzt sich Newtons Gravitationstheorie aus den folgenden Gleichungen zusammen:

$$\left. \begin{array}{l} \triangle \varphi = 4 \pi f \varrho \,, \\[2mm] \dfrac{d\,\mathbf{p}}{dt} = \dfrac{d^2\,(m\mathbf{x})}{dt^2} = \mathbf{F} = -m \operatorname{grad} \varphi(\mathbf{x}) \,. \end{array} \right\} \begin{array}{l} \text{Newtons} \\ \text{Gravitationsgleichungen} \end{array} \tag{3.45}$$

Dabei folgt die Potentialgleichung für φ aus (3.42) mit Hilfe der Gleichung

$$\triangle \frac{1}{r} = \left(\frac{\partial^2}{\partial x^2} + \frac{\partial^2}{\partial y^2} + \frac{\partial^2}{\partial z^2} \right) \frac{1}{\sqrt{x^2 + y^2 + z^2}} = -4\pi \, \delta(x) \, \delta(y) \, \delta(z).$$

Für den interessierten Leser verweisen wir auf Günther (2013).

Die Feldgleichungen der Allgemeinen Relativitätstheorie erzwingen bereits die Bewegungsgleichungen der Masse, s. Einstein et al. (1938).

In der Tat stimmt nun die erste Gleichung in (3.45) wegen (3.35) überein mit (3.34), was wir zeigen wollten.

Aus unseren vorangegangenen Überlegungen folgt also, dass man die Allgemeine Relativitätstheorie einfach durch eine Verallgemeinerung des Linienelementes (2.1) charakterisieren kann gemäß (3.18) mit einem symmetrischen Tensor g_{ik}, $(i, k = 0, 1, 2, 3)$,

$$ds^2 = g_{oo}dt^2 + 2g_{o\alpha}dt\,dx^\alpha g_{\alpha\beta} + g_{\alpha\beta}dx^\alpha dx^\beta \quad \text{mit } \alpha, \beta = 1, 2, 3. \quad (3.46)$$

Im kugelsymmetrischen Gravitationsfeld der Erde erfährt die Masse m eines Probekörpers[4] also eine Kraft F gemäß

$$F = -\frac{fMm}{r^2}, \quad (3.47)$$

wobei M die Erdmasse und r den Abstand von m zum Schwerezentrum, dem Erdmittelpunkt.

$$\varphi = -\frac{fM}{r} \quad (3.48)$$

ist das kugelsymmetrische Gravitationspotential der Erde.

Wenn wir uns um eine Höhe x über die Erde erheben, so nimmt das Gravitationspotential um die Größe

$$\Delta\varphi = -\left(\frac{fM}{r+x} - \frac{fM}{r}\right) \approx \frac{d}{dr}\left(-\frac{fM}{r}\right)x = \frac{fM}{r^2}x = gx \quad (3.49)$$

ab. Die Erdbeschleunigung ist hier als Gradient des Potentials gegeben, $g = fM/r^2$.

Die Änderung der Wellenlänge gemäß Gl. (3.10) schreibt sich mit der Änderung des Gravitationspotentials als

$$\frac{\Delta\lambda}{\lambda} = \frac{\Delta\varphi}{c^2}. \quad (3.50)$$

Im einfachsten, kugelsymmetrischen, statischen Gravitationsfeld mit $g_{\alpha\beta} \approx \delta_{\alpha\beta}$, $g_{o\alpha} = 0$ und für $dx = v\,dt$ und wenn wir wieder zwei Raumkoordinaten unterdrücken, entnehmen wir dann Gl. (3.46)[5]

---

[4] für einen Probekörper vernachlässigt man die Rückwirkung auf die Erde.

[5] dabei sind die Vorzeichen für g_{ik} so gewählt, dass bei verschwindender Gravitation wieder der Minkowski-Ausdruck Gl. (2.1) bzw. Gl. (3.16) entsteht

Abb. 3.3 Sɪʀ Isaac Newton, *Woolsthorpe (bei Grantham) 04.01.1643, † Kensington (heute London) 31.03.1727. (Nach einer Arbeit von Christina Günther)

$$c^2 dt'^2 = g_{oo} dt^2 - v^2 dt^2, \tag{3.51}$$

also

$$dt'^2 \approx \left(\frac{2\varphi}{c^4} + 1 - \frac{v^2}{c^2} \right) dt^2. \tag{3.52}$$

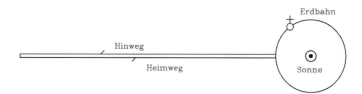

Abb. 3.4 Illustration zum Umkehrproblem mit freundlicher Genehmigung von E. Liebscher (1973)

Für den Uhrengang überlagern sich also gemäß Gl.(3.52) zwei Effekte, der Einfluss des Gravitationspotentials und die Bewegung der Uhr.

In unserem Zwillingsparadoxon, wie wir es in den Kapiteln 3–5 behandelt haben, waren wir von einer idealisierten Situation ausgegangen, indem wir so getan haben, als würden wir uns weit ab von allen gravitierenden Massen befinden, deren Einfluss also vernachlässigt wurde. Und wir haben außerdem mit (3.11) gesehen, dass eine Berücksichtigung der Gravitation den Ausgang unserer Zwillingsgeschichte nur noch verstärken würde. Und doch trifft diese Aussage nicht unbedingt zu, wenn wir an eine Realisierung der Zwillingsgeschichte denken, auf die zuerst Liebscher (1973) aufmerksam gemacht hat.

Tatsächlich können Gravitationsfelder die Situation wesentlich verändern und den Effekt sogar umkehren. Der zur Erde zurückkehrende Zwilling könnte dann sogar älter sein, s. Liebscher (1973), vgl. Abb. 3.4. Wir erwähnen auch die marginale Behandlung dieser Fragestellung bei Fock (1960).

Für die Gangverzögerungen der Uhren beider Zwillinge müssen wir gemäß Gl. (3.52) zwei Effekte berücksichtigen. Die Wirkung des Erdpotentials auf die Gangverzögerung der Uhr von Bruder B wird mit dessen Entfernung von der Erde immer geringer. Dasselbe gilt für den Einfluss des Gravitationspotentials der Sonne, dem auch beide Zwillinge ausgesetzt sind. Beide Zwillinge haben auf ihren Uhren eine Gangverzögerung durch ihre Geschwindigkeiten, Zwilling A bei seiner Umkreisung der Erde und Bruder B bei seiner Entfernung von der Erde. Nur wenn die Geschwindigkeit von B, die lediglich durch die Lichtgeschwindigkeit begrenzt ist, in bezug auf die Erde so groß ist, dass der abnehmende Einfluß der Gravitation von Erde und Sonne überkompensiert wird, ist er bei der Rückkehr auch der jüngere. Wenn Bruder B diesen Effekt durch eine entsprechend große Geschwindigkeit bei seiner Entfernung und anschließenden Rückkehr zur Erde aber nicht ausgleichen bzw. überkompensieren kann, dann wird der zurückkehrende Bruder B beim abschließenden Uhrenvergleich der Zwillinge tatsächlich älter sein als sein Zwillingsbruder A.

Was Sie aus diesem *essential* mitnehmen können

- Mit einem einfachen Gedankenexperiment nach Feynman verstehen wir die Gangverzögerung einer bewegten Uhr
- Wir verstehen nach Einstein „den von Konventionen freien physikialischen Inhalt" der Speziellen Relativitätheorie
- Wir lernen, dass die Gleichzeitigkeit eine Definition ist, die wir also einem Problem anpassen können
- Wir sehen, wie Einstein die Gleichzeitigkeit definiert hat
- Wir verstehen die Spezielle Relativitätstheorie
- Wir lernen die Lorentz-Transformation kennen
- Das Zwillingsparadoxon erklären wir zunächst allein aus dem Nachgehen bewegter Uhren
- Wir berechnen den Uhrenvergleich der Zwillinge als Gedankenexperiment im Formalismus der Speziellen Relativitätstheorie
- Wir untersuchen den Einfluss von Beschleunigung und Gravitation auf den Gang einer Uhr mit Hilfe von Einsteins Äquivalenzprinzip
- Wir untersuchen den Uhrenvergleich der Zwillinge im realistischen Experiment unter dem Einfluss von Bewegung und Gravitation
- Wir finden Einsteins berühmtes Additionstheorem der Geschwindigkeiten und verstehen die Lichtgeschwindigkeit als Grenzgeschwindigkeit
- Wir lernen die Allgemeine Relativitätstheorie und ihren Zusammenhang mit der Newtonschen Gravitationstheorie kennen

H. Günther, *Das Zwillingsparadoxon unter Berücksichtigung der Gravitation*, essentials, https://doi.org/10.1007/978-3-662-65081-3

Literatur

Champeney, D., Isaak, G.R., Khan, A.M.: A time dilatation experiment based on the Mössbauer effect. Proc. Phys. Soc. (London) **85**, 583 (1965)

Einstein, A.: Zur Elektrodynamik bewegter Körper. Ann. Phys. (Lpz.) **17** (1905) 891. Abgedruckt in Lorentz, H. A., Einstein, A., Minkowski, H.: Das Relativitätsprinzip. Stuttgart: Teubner-Verlag 1958, 1. Auflage 1913

Einstein, A.: Über die spezielle und die allgemeine Relativitätstheorie. Springer, Berlin (2009) (Vieweg-Verlag, Braunschweig, 1917)

Einstein, A.: Vier Vorlesungen über Relativitätstheorie. Vieweg&Sohn, Braunschweig (1922)

Einstein, A.: Grundzüge der Relativitätstheorie, 1. Aufl. 1922. Springer, Berlin (2002, 2009), Akademie, Berlin. Pergamon PressBraunschweig: Vieweg&Sohn, Oxford (1969)

Einstein, A., Infeld, L., Hoffmann, B.: The Gravitational Equations and the Problem of Motion. Princeton: Ann. Math. **39**, 65 (1938)

Feynman, R., Leighton, R., Sands, M.: The Feynman Lectures on Physics. London · Massachusetts · Palo Alto: Addison-Wesley Publ. Comp. Inc. (1964). (Copyright 1963. Vol.I Chap.15, p.6)

Fock, V.: Theorie von Raum, Zeit und Gravitation. Akademie, Berlin (1960)

Günther, H.: Grenzgeschwindigkeiten and ihre Paradoxa. Gitter · Äther · Relativität. Teubner, Stuttgart (1996)

Günther, H.: Starthilfe Relativitätstheorie. Ein neuer Zugang in Einsteins Welt, 2. Aufl. Vieweg+Teubner, Stuttgart (2004)

Günther, H.: Die Spezielle Relativitätstheorie. Springer, Wiesbaden (2013)

Günther, H., Müller, V.: EAGLE- Starthilfe Allgemeine Relativitätstheorie - Die Gravitation bei Newton und Einstein. Edition am Gutenbergplatz, Leipzig (2015)

Günther, H.: Tachyonen. Springer, Wiesbaden (2021)

Günther, H., Müller, V.: The Special Theory of Relativity. Einstein's World in New Axiomatics. Springer, Singapore (2019)

Günther, H., Müller, V.: Doppler-Effekt und Rotverschiebung – Klassische Theorie und Einsteinsche Effekte. Springer, Wiesbaden (2020)

Günther, H.: Das Zwillingsparadoxon. Springer, Wiesbaden (2020)

Kant, I.: Kritik der reinen Vernunft. Suhrkamp, Frankfurt a. M. (1977)

Lange, L.: Über das Beharrungsgesetz. Ber. d. Königl. Sächsischen Ges. d. Wiss. Leipzig. Mathematisch Physikalische Klasse **37**, 333 (1885)

Liebscher, D.-E.: Theoretische Physik. Akademie, Berlin (1973)

© Der/die Herausgeber bzw. der/die Autor(en), exklusiv lizenziert durch Springer-Verlag GmbH, DE, ein Teil von Springer Nature 2022
H. Günther, *Das Zwillingsparadoxon unter Berücksichtigung der Gravitation,* essentials, https://doi.org/10.1007/978-3-662-65081-3

Lorentz, H. A., Einstein, A., Minkowski, H.: Das Relativitätsprinzip, 1. Aufl. Teubner 1958, Stuttgart (1913)

Pais, A.: „Raffiniert ist der Herrgott...“ Albert Einstein – Eine wissenschaftliche Biographie. Friedrich Vieweg&Sohn, Wiesbaden (1986)

Poincaré, H.: La mesure du temps. Rev. Métaphys. Morale **6** (1898). Dt. Übersetzung 1906 bei Teubner als Kap. 2 des Buches Der Wert der Wissenschaft (2. Aufl. 1910, 3. Aufl. 1921)

Poincaré, H.: Sechs Vorträge aus der Reinen Mathematik und Mathematischen Physik. Teubner, Leipzig (1910)

Wheeler, J.A., Thorn, K.S., Misner, J.A.: Gravitation. Freeman and Company, San Francisco (1973)

Stichwortverzeichnis

Printed in the United States
by Baker & Taylor Publisher Services